Sicard.

T 6 37
10

PHYSIOLOGIE.

IMPRIMERIE DE CHASSAIGNON, RUE GIT-LE-COEUR, N° 7.

PHYSIOLOGIE

TRAITÉ DU CŒUR SPÉCIALEMENT

SOUS LE DOUBLE RAPPORT

DE LA SCIENCE EXPÉRIMENTALE

ET DE LA PHILOSOPHIE,

OU DU SIÈGE DE L'AME;

SISTÊMES CLAIREMENT DÉMONTRÉS

PAR M. SICARD AINÉ.

Ouvrage déposé à l'Académie des Sciences, le 18 mars 1834, pour concourir au Prix Monthyon, qu'on a soustrait, égaré, ou perdu; ce qu'on n'a déclaré, en le dépréciant, qu'après la sixième lettre en réclamation à l'Académie, qui avait décidé que l'auteur pouvait le reprendre, vu qu'elle, ni la commission, n'en ont pas eu connaissance, excepté le membre qui s'en chargea, qui, d'ailleurs, le connaissait d'avance; c'est pourquoi il l'a refait et publié pour qu'on le juge.

PARIS.

CHEZ L'AUTEUR, RUE SAINTE-ANNE, N° 12.

1385.

TRAITÉ DU COEUR

OU

SYSTÈMES DE M. SICARD

CLAIREMENT DÉMONTRÉS.

Le cœur est, sans contredit, le premier organe de l'économie animale; le cœur est le moteur de la vie et le premier moteur de toutes les fonctions de l'économie vivante; le cœur envoie partout la vie, toutes les substances, toutes les matières de l'accroissement, de l'entretien du tout, et toutes les matières superflues et usées, pour être expulsées avec les dépravées; comme il envoie aussi toutes les matières et sucs répareurs, d'après certains et divers accidens. Enfin c'est l'organe noble, admirable et divin; oui, c'est la nature, la providence, Dieu tout-puissant créateur que l'on reconnaît dans le cœur spécialement, où réside l'âme, cette partie émanée de lui, ce principe de vie animée qui fait agir et tout aller, en commandant à toute la mécanique animale, par ses mouvemens de diastole et de systole; mouvemens sublimes et divins qui n'ont pas encore été assez sentis et définis, puisque on n'est point d'accord pour attribuer ou pour nier du mouvement aux veines, pour opérer la fonction divine et admirable, de rapporter au cœur seul toute la puissance, qui fait encore tout agir et continuer sans interruption jusqu'à la mort; qui arrive par l'usance, par l'extinction graduée du tout ou par accident. Oui, je le répète, c'est dans le cœur que réside l'âme, l'essence divine et tout-à-fait admirable, comme le principe de toute action ou fonction vitale, animale et naturelle : tous les autres organes et leurs fonctions sont secondaires, puisque c'est lui seul qui commence à agir lors de la conception, sans la participation préalable d'aucun autre, et qu'il fait tout agir dans le sommeil, dans la veille, dans le délire. Même fût-on privé subitement d'un autre organe, ou par la désorganisation, par violence ou par affection chronique, le cœur bat encore : il y a vie, quoiqu'elle ne puissse pas durer long-temps, selon qu'il est un des organes principaux; mais le cœur cessant de battre, plus de vie, tout le corps est foudroyé dans l'instant même; quand c'est par violence, il n'y a plus que l'irritabilité générale, qui est l'ébranlement mortel de toute l'économie, en mouvemens irréguliers, de toutes les fibres motrices ayant un ressort quelconque, où l'esprit vital répandu n'est pas encore éteint ou refroidi.

Oui, le cœur est le premier et le principal de tous les organes de tout être animé; c'est de cette reconnaissance indubitable que dépendent les décisions de la noble attribution du grand titre, du premier et du principal organe du siége de l'âme; c'est par ses mouvemens divins, dont la première cause, stimulante, sublime, est aussi impénétrable qu'admirable, qu'il commence d'agir, pour recevoir la première essence sanguine et chyleuse de la mère qui le met en action, pour la pousser et la distribuer dans les principes de la première ébauche de l'embryon.

Le cœur, nécessairement le premier formé ou organisé, commença divinement par aspirer, et reçut le sang de la mère : voilà le premier mouvement de dilatation établi qui provoque la contraction, comme dans tout ressort, pour opérer le second mouvement de systole, qui pousse et envoie les premiers principes de vie et sanguins à l'être vivant et animé déjà par le cœur, premier organe en action, pour recevoir et pour distribuer le sang et la vie au nouvel individu, commencé ou fini d'ébaucher, qui reçoit, par son cœur la nourriture et l'accroissement *. Il force le tout à se développer et à s'étendre, par l'impulsion qu'il donne à toutes les artères à mesure qu'elles se forment et se développent, et qui se contractent à leur tour dès qu'elles ont acquis la capacité, la force et la vigueur de pousser plus loin toute la construction jusqu'à la perfection du fœtus, qui doit bientôt se séparer de sa mère et sortir de son sein, pour vivre sans la contiguité immédiate qui de

* Qui lui vient plus tard par le canal thorachique, par la souclavière, etc.

deux corps n'en fait qu'un, par la circulation, au moyen du placenta et du cordon ombilical, étant capable alors d'exercer ses actions ou fonctions vitales, pourvu qu'il lui soit transmis sa nourriture dans sa bouche, capable aussi d'aspirer l'air et de sucer les alimens pour sa vie, son accroissement, et pour le développement des forces de tous les organes, destinés à exercer en particulier et de concert toutes les actions ou fonctions vitales, animales et naturelles, assez connues et traitées ailleurs, pour nous dispenser de répéter ce qui en a été dit très savamment, n'entendant traiter que du cœur, de ce sublime organe qui aspire, attire et repousse toujours, depuis sa formation et sa vie jusqu'à sa mort, que tout meurt subitement.

Oui, le cœur aspire, attire, reçoit, repousse incontinent dans les artères, auxquelles il donne la même impulsion, qu'elles exercent alternativement et de concert, afin que divinement et harmonieusement tout agisse et tout s'exécute, sans difficulté et sans gêne, dans l'économie animale, pour répandre la vie ou le sang partout généralement jusques dans les plus subtiles ramifications artérielles, où il traverse les anastomoses, pour passer dans les rameaux les plus capillaires des veines; de là, dans des branches moins fines, de celles-là dans de plus grosses, toujours en augmentant de calibre, en s'approchant du cœur pour lui reporter la partie du sang qui n'a pas été secreté et excreté, et pour servir de véhicule au chyle réparateur, qui ne pourrait y monter non plus de lui-même sans la sublime aspiration du cœur; car tout y est conduit ou reporté sans mouvement ou impulsion artérielle, puisqu'elle a fini aux anastomoses; là, n'agissant que par inondation de tous les parenchymes, mais passant dans les petites branches veineuses, de celles-là, dans de plus grands conduits, sans mouvement ou sans action de leur part, il parvient pourtant très-aisément au cœur; comment y parviendrait-il si facilement sans une puissance surnaturelle, qu'on n'a pas encore reconnue ni bien définie; comment y reviendrait-il? tout ce sang répandu aussi loin, par des circuits et sinuosités de toute espèce : en bas, par côté, en haut; celui du haut, qui y a été poussé par l'impulsion cordiale et artérielle assez forte; on conçoit qu'il pourrait y revenir; de par tous les côtés, par devant, par derrière, très-difficilement; mais des parties inférieures, et de toutes les parties internes et externes, il serait impossible que le sang tant dispersé pût revenir, retourner et remonter de lui-même au cœur, sans cette puissance surnaturelle toute divine et digne du tout-puissant créateur qui le force d'y retourner. N'est-ce pas au cœur qu'on doit attribuer le don principal de cette puissance aspirante et attractive, en réitérant aussi souvent et continuellement son aspiration ou dilatation, aussi vigoureuse et plus que sa contraction ou repoussement, puisqu'il est plus facile et plus aisé de disperser que de rassembler? mouvemens alternatifs imprimés et prolongés dans toutes les parties, organisation qu'on peut surnommer à juste titre le mouvement perpétuel jusqu'à la mort du cœur, qui constitue tout individu.

Oui, c'est à ce double muscle qu'on doit attribuer principalement toute l'action de l'économie animale et l'ascension du chyle, qui y est conduit de bas en haut par la voie des veines lactées, et après une station dans le réservoir de pecquet, arrivant dans le canal thorachique qui le conduit dans la souclavière; vaisseaux auxquels on ne peut attribuer de mouvement ou d'impulsion assez forte pour cet effet, qui n'aurait pas lieu si le divin organe n'attirait à lui tous ces fluides nutritifs et vitaux; car les veines lactées ont remplacé le placenta et le cordon ombilical du fœtus, qui recevait alors par cette voie, de la part de la mère toute sa subsistance; mais encore comment, sans cette puissance aspirante imprimée dans les veines, jusqu'aux extrêmes ramifications ou anastomoses, n'y aurait-il pas partout plus d'épanchemens, de stagnations et de dépôts? Oui, la dilatation du cœur est son aspiration; elle fut dès le principe de la vie et est le premier mouvement, tel que ceux du poumon, de la pompe, du soufflet, etc.

Encore une autre fois, les veines n'ont point de

mouvement apparent, si ce n'est leurs valvules, qui ne pourraient s'ouvrir ou se soulever, dans les parties inférieures, sans cette aspiration d'en haut du plus divin des organes de l'économie animale; et c'est cette aspiration, qui fait sa dilatation si violente et si sensible, qu'elle est entendue et sentie; ce qu'on nomme battement du cœur, qui ne serait pas si fort s'il n'était excité que par la présence non active de la portion du sang contenu dans les oreillettes, qui ont la capacité, à peu près juste, des ventricules du noble organe, le recevant en se dilitant, et se resserrant aussitôt pour le pousser dans les artères et pour le répandre partout; attirant, aspirant par les veines, repoussant dans les artères, imprimant aux unes et aux autres ses mêmes actions jusqu'aux extrémités, quoique insensible dans les veines comme dans les chylifères; c'est d'elles qu'il puise ou tire l'entretien et la vie, pour la répandre encore partout, jusqu'à sa mort que tout finit.

Nous ne pouvons pas plus nier l'aspiration du cœur dans sa dilatation, que son repoussement dans sa contraction.

Comment le sang arrêté en grande quantité par des ligatures pendant un long-temps, pourrait-il se rendre de lui-même dans le cœur et reprendre son cours s'il n'y était aspiré ou attiré? Comme après les amputations, le sang du moignon ne laisse pas que de se rendre au cœur ou d'y monter, quoiqu'il ne soit plus poussé par celui du membre amputé ou partie inférieure, et chez ceux qui ont été privés pendant long-temps d'alimens par quelque cause quelconque? Comment ces individus auraient-ils pu vivre si long-temps, si le divin organe de la vie et de l'âme n'avait réattiré et réaspiré tous les sucs de la propre substance de tout le sujet, qui meurt enfin alors dans le marasme ou l'épuisement complet, comme la lampe qui a consumé toute son huile! on est étonné qu'il ait tant soutenu la vie; ce retour peut être aidé encore par l'insensible ressort des veines qui leur est imprimé par le mouvement, l'action ou l'aspiration du cœur.

Et comment toujours, nous le redirons pour la conviction, l'essence de nos alimens ou le chyle pourrait-il être sitôt arrivé au cœur, en allant de bas en haut, sans la puissance aspirante? par laquelle il l'attire si bien, si vite et si fort, que passant de suite par la sanguification dans la circulation, le corps est sitôt réparé, en recevant toutes ses propriétés, qualités et vertus, jusqu'à l'odeur de l'aliment, qui n'a eu le temps de rien perdre dans la digestion, la chylification, dans son cours à la sanguification ni dans la circulation; pour preuves consultez les urines, surtout des diabétiques.

Enfin on ne peut nier la double puissance du cœur sur les veines et les artères; car il agit il envoie l'action et la vie partout; ce qui nous force de le reconnaître pour le premier, le plus noble et le plus divin de tous les organes de l'économie animale; puisqu'il n'agit que par l'âme, qui lui donne la vigueur et la vie de la part de l'auteur suprême de toute la nature, et jusqu'à ce qu'il lui plaise de la retirer à lui comme une petite partie de lui-même, laissant ce corps terrestre et putride qui a rempli sa destinée, et qui doit rentrer dans la terre mère pour la fertiliser de nouveau, pour reproduire tous les objets qui composent le monde et l'univers, qui ne perdent jamais rien; ce qui fait sans cesse, et généralement partout, le commencement et la fin de toutes choses visibles, dont l'action dure et doit durer éternellement, en la nature, en la providence, en Dieu, auteur et maître de tout, qui n'a ni commencement ni fin dans sa puissance incompréhensible.

Les philosophes, jusqu'à présent, ont été indécis et partagés d'opinion pour reconnaître le siége de l'âme : les uns l'ont voulue dans le cœur sans en bien expliquer les raisons; le plus grand nombre la veulent dans le cerveau, précisément dans la glande pinéale; parce que, disent ceux-ci, l'esprit est dans le cerveau; mais l'action du cerveau, l'esprit ou le raisonnement sont bien tardifs à la vie et bien secondaires à l'action du cœur; premier principe de vie, premier moteur, premier fondement qui a déjà ou bientôt, lors de la conception, toutes les facultés, propriétés et vertus; tandis que le cerveau n'en a ou n'en aura de long-temps aucune à pouvoir remarquer; et celles qu'il doit avoir sont si précaires, si douteuses, si individuelles et variées, que, d'après ce système, ceux qui naissent dans les dispositions de l'imbécilité complète de leur vie, n'auraient point d'âme, quoiqu'ils aient leur cerveau, ou la perdraient avec l'accident qui fait perdre l'esprit ou le raisonnement, comme on voit si souvent; au lieu que nous pouvons et nous devons dire : le cœur bat, il y a vie et âme, qu'on ne peut, dans quelle époque et circonstance que ce soient, se refuser à reconnaître dans le cœur, qui est le premier organe vivant et en action, et le dernier qui meurt.

LETTRE ET RÉFLEXION

Après la première remise de mon ouvrage, et pour servir d'analyse aux vœux de l'Académie.

MESSIEURS,

Nous savons que dans beaucoup de cas on a tout à faire, pour détruire ou faire abandonner d'anciennes opinions ou d'anciens préjugés; c'est ce qui fait que je ne puis m'empêcher de vous adresser celle-ci pour ajouter une réflexion corroboratrice au travail de mon système, en cas que je n'aie pas eu le bonheur de me faire assez comprendre reativement au sublime organe du cœur.

« O Nature! ô Providence! ô Divinité! où réside
» l'âme! oui, c'est au cœur que se rend le chyle qui y
» est attiré par sa seule puissance, par cette double
» ou triple oscillation artérielle, veineuse, nerveuse,
» vitale, etc., combinée en action dans tous les sens,

» qu'il imprime à tout et partout : oui, c'est au cœur
» que tout vient et revient pour reprendre les ordres
» et les propriétés, ou nouvelles forces ; pour aller
» et revenir dans tous les organes ; pour faire exécu-
» ter à chacun sa tâche, son action et sa fonction. Oui,
» c'est le cœur qui est le siége de l'âme, de la vie et
» le foyer du feu de tous les esprits ou stimulus, qui,
» de sa part, vont dans toute l'économie faire exé-
» cuter tout le mécanisme naturel et divin ; car, sans
» la divine propriété, action ou fonction de ce su-
» prême organe, recevant le chyle réparateur de
» toutes les pertes habituelles, comment le cerveau,
» comme toutes les autres glandes conglomérées, se-
» rait-il fourni et approvisionné pour la conti-
» nuation de toutes les fonctions ou actions ?

» Je crois que c'en est assez pour être convaincu
» indubitablement de la réalité de mon système,
» quand toute la nature de l'organisation et de l'ac-
» tion de ce double et divin ressort nous montre
» qu'il agit seul depuis la conception et formation,
» ou dès qu'il reçut les premiers fluides spiritueux
» et sanguins nutritifs, pour l'accroissement de la
» construction dans et hors le sein de la mère, pen-
» dant toute la vie longue ou courte. Par le cœur,
» nous pouvons dire : tout a commencé ; par le
» cœur, tout a continué ; sans le cœur, rien n'au-
» rait eu lieu ; et quand il finit d'agir, tout est mort
» dans la mécanique ; tandis que le cerveau peut
» cesser de faire ses fonctions, le sujet perd la sa-
» gacité, l'esprit et la sensibilité dans plusieurs par-
» ties à la fois, le cœur bat encore, il y a vie et
» âme jusqu'à la fin de son action indubitablement ;
» tout par le cœur, et rien sans lui. »

Messieurs, veuillez bien, je vous prie, joindre
cette réflexion à mon Mémoire que je déposai à l'A-

cadémie, le 18 mars 1834, sous le numéro 31, par l'entremise de M. le Secrétaire perpétuel, pour concourir au prix Montbyon.

Voilà le système que j'ai l'honneur de soumettre à votre décision, étant d'avance pénétré des plus hauts sentimens de considération et du plus profond respect,

Messieurs,
Votre très-dévoué et très-humble serviteur,

SICARD AINÉ, *médecin*,

Rue des Vieux-Augustins, n° 21, Hôtel de Venise.

Paris, 12 mai 1834.

DERNIÈRE RÉFLEXION PHYSIOLOGIQUE.

Oui, Messieurs, nous ne saurions cesser de donner de la clarté à la vérité, et pour l'évidence. Contemplons, admirons et remarquons la construction, l'organisation et la disposition des fibres motrices de ce moteur ou double organe; examinons toutes ses fibres, longitudinalles, obliques, ascendantes et descendantes, circulaires ou transverses, dans leurs arrangemens et connexions, toutes ensemble et à la fois, se mouvant par elles et sur elles-mêmes, s'étendant, s'allongeant par une extrémité pour la dilatation ou l'aspiration; et se racourcissant ou se resserrant en même temps par l'autre extrémité, pour opérer la contraction ou le repoussement; faisant continuellement un tire-lache pour exécuter cette double fonction et action, par le feu, l'esprit et le sublime stimulus, par lequel le Tout-Puissant Créateur excite le cœur d'agir tant qu'il lui plaît, comme toutes choses dans la nature; ce qui fait, qu'en bien se pénétrant et concevant bien cette double action ou fonction du cœur, indubitablement à cet égard, nous pouvons dire avoir fait un pas dans la profondeur des secrets de la divine Providence, du grand architecte de l'univers, l'Être suprême, Dieu tout-puissant, créateur, auteur de tout.